BEI GRIN MACHT SICH IHR WISSEN BEZAHLT

Bibliografische Information der Deutschen Nationalbibliothek:

Die Deutsche Bibliothek verzeichnet diese Publikation in der Deutschen National-
bibliografie; detaillierte bibliografische Daten sind im Internet über http://dnb.d-
nb.de/ abrufbar.

Impressum:

Copyright © 2009 GRIN Verlag, Open Publishing GmbH
Druck und Bindung: Books on Demand GmbH, Norderstedt Germany
ISBN: 978-3-656-18309-9

Dieses Buch bei GRIN:

http://www.grin.com/de/e-book/192888/theorien-hypothesen-variablen

Philipp Müller

Theorien-Hypothesen-Variablen

Quantitative Forschungsmethoden

GRIN Verlag

GRIN - Your knowledge has value

Der GRIN Verlag publiziert seit 1998 wissenschaftliche Arbeiten von Studenten, Hochschullehrern und anderen Akademikern als eBook und gedrucktes Buch. Die Verlagswebsite www.grin.com ist die ideale Plattform zur Veröffentlichung von Hausarbeiten, Abschlussarbeiten, wissenschaftlichen Aufsätzen, Dissertationen und Fachbüchern.

Besuchen Sie uns im Internet:

http://www.grin.com/

http://www.facebook.com/grincom

http://www.twitter.com/grin_com

PH Ludwigsburg

Institut für pädagogische Psychologie & Soziologie

Seminar: Quantitative Forschungsmethoden

Sommersemester 2009

Schriftliche Ausarbeitung zum Thema:

– Theorien-Hypothesen-Variablen-

Erwachsenenbildung

Oktober 09

Inhaltsverzeichnis

Einleitung

Meine wissenschaftlichen Ausarbeitung zu dem Thema „-Theorien-Hypothesen-Variablen-" befasst sich vor allem mit den Inhalten, der von mir und C. C. am 11.05.2009 gehaltener Seminarsitzung zu selbigem Thema. In der schriftlichen Ausarbeitung werde ich größtenteils Inhalt als auch Ablauf meines Referates beibehalten. Demzufolge werde ich mit der Definition der wissenschaftlichen Hypothese beginnen, mit den verschiedenen Arten der Hypothesen fortfahren, über Theorie und Modell berichten und mit Falsifikationismus und Konkurrenz von Forschungsprogrammen enden. Dementsprechend werde ich für dieses Thema wichtige Aspekte wie   „Typen von Variablen", „Arten von Sätzen" und „Informationsgehalt", sowie „Wissenschaftliche Erklärungen" nicht beleuchten, da diese von meiner Kommilitonin vorgestellt und somit auch in ihrer Hausarbeit bearbeitet werden bzw. wurden. Da es sich um eine schriftliche Ausarbeitung meines Referats handelt, werde ich die darin verwendete Literatur als Grundlage verwenden. Mein Anspruch besteht darin, einen knappen, verständlichen und übersichtlichen ersten Einblick in das Thema zu ermöglichen und somit gemäß dem Seminar, einen ersten Eindruck in quantitative Forschungsmethoden zu geben.

1. Wissenschaftliche Hypothesen

Wissenschaftliche Hypothesen sind weit mehr als der Begriff aus dem Griechischen vermuten lässt. Im Gegensatz zu „Vermutung, Unterstellung" sind wissenschaftliche Hypothesen feste Bestandteile einer empirischen Forschungsarbeit. Damit aus einer Behauptung eine wissenschaftliche Hypothese entstehen kann sind folgende vier Kriterien notwendig, die ich nach der Definition erörtern werde.[1] Diekmann spricht darüberhinaus davon, dass „unter einer Hypothese eine Aussage über einen Zusammenhang zwischen sozialen Merkmalen [...] verstanden wird.[2]

1.1 Definition[3]

„Wissenschaftliche Hypothesen sind Annahmen über reale Sachverhalte [...] in Form von Konditionalsätzen. Sie weisen über den Einzelfall hinaus [...] und sind durch Erfahrungsdaten widerlegbar (Falsifizierbar)."

1. Realer Sachverhalt & empirische Untersuchbarkeit
2. Allgemeingültigkeit
3. Sinnvoller Konditionalsatz
4. Potentielle Falsifizierbarkeit

Zu 1. Eine Hypothese über Ufos wäre m. E. keine wissenschaftliche Hypothese, da zwar des Öfteren vermeintliche Ufos gesichtet werden. Ein eindeutiger Beweis für die Existenz dieser Flugobjekte besteht allerdings bisher nicht.

Zu 2. Die Wissenschaft hat den Anspruch allgemeingültig zu sein und sollte dem Fortschritt dienen. Deshalb kann eine Behauptung über „Tante Erna von nebenan" keine wissenschaftliche Aussage sein.

Zu 3. Ein sinnvoller Konditionalsatz besteht aus einem „Wenn-Dann" Satz bzw. „Je-desto" Satz. „Es gibt" Sätze, sowie „Kann Sätze" sind keine Konditionalsätze.

Zu 4. Die Möglichkeit der Widerlegbarkeit der Aussage muss unbedingt gegeben sein. Tautologien wären somit nie falsifizierbar, da sie keinen Falsifikator haben, der das Gegenteil aufzeigen könnte. Tautologien sind deshalb immer wahr. Außerdem setzt Falsifikation begriffliche Invarianz voraus, was letztendlich ein einheitliches Verständnis von Begriffen bedeutet.

---

[1] Vgl. Bortz, J., Döring, N. 2006 S.4
[2] Diekmann, A. 1995, S.107
[3] Vgl. Diekmann, A. 1995, S.107

1.2 Unterschiedliche Arten von Hypothesen[4]

Eine statistische Hypothese liegt dann vor, wenn Variablen in quantitative Form gebracht werden. Dies geschieht, indem das empirische Relativ in ein nummerischen Relativ umgewandelt wird.

Hypothesen können unterschiedliche Merkmale und Eigenschaften haben. Je nachdem werden sie in unterschiedliche Arten bzw. Klassen eingeteilt. Bei ungerichteten Hypothesen wird allenfalls ein Zusammenhang bzw. Unterschied zwischen zwei Variablen aufgezeigt:

„ Die Schlafdauer hängt mit der Schlafmitteldosis zusammen".

Unter Umständen kann durch ein verbessertes Wissen durch Literaturrecherche, Vorstudien, etc. die Wissenslücke geschlossen werden und die Richtung des Zusammenhangs dargestellt werden. Dadurch wird aus der ungerichteten Hypothese eine gerichtete Hypothese, die aus verschiedenen Gründen der ungerichteten Hypothese vorzuziehen ist. So kann u.a. mit einer gerichteten Hypothese die Nullhypothese leichter zurückgewiesen werden und muss nicht zwangsläufig zweiseitig mit dem T-Test geprüft werden. In unserem Beispiel würde die gerichtete Hypothese lauten:

„ Je höher die Schlafmitteldosis, desto länger die Schlafdauer".

Unabhängig davon ob die Hypothese nun gerichtet oder ungerichtet formuliert wird, kann die Hypothese verschiedenen Arten zugeordnet werden.

1. Kausale Hypothesen
2. Deterministische Hypothesen
3. Probabilistische Hypothesen
4. Aggregathypothesen
5. Zusammenhangshypothesen
6. Entwicklungshypothesen
7. Individualhypothesen
8. Kollektivhypothesen
9. Kontexthypothesen (UV kollektiv, AV individuell)

Zu 1. Luhmanns Begriff des Technologiedefizites bestärkt m.E. die Annahme in den Erziehungs- sowie Sozialwissenschaften, dass kausale Hypothesen, als auch probabilistische Hypothesen dort eigentlich kaum anzutreffen sind. Die Wirkungsmechanismen sind meist so komplex, dass meist keine Kausalbeziehung besteht. Bortz spricht dann von einer Kausalhypothese bei einem Wenn-Dann- Satz, wenn ein „ Vertauschen vom Wenn-Teil (Bedingungen, Ursache) und Dann- Teil (Konsequenz, Wirkung) sprachlich und inhaltlich nicht sinnvoll ist."

---

[4] Vgl. Bortz, J., Döring, N. 2006 S.9ff

Zu 2. Deterministische Hypothesen stellen in den Sozialwissenschaften eine Ausnahme dar. Ein Beispiel für einen deterministischen Zusammenhang wäre der Zusammenhang zwischen zurückgelegter Fallstrecke S u. Fallzeit t (s= g/2*t²). Ein hypothetischer Wenn-dann-Satz ist dann eine Kausalhypothese, wenn ein Vertauschen vom Wenn-Teil und dem Dann-Teil nicht möglich ist. Die Wahrscheinlichkeit bei einer deterministischer Hypothese ist somit = 1.

Zu 3. Probabilistisch meint im Gegensatz zu deterministisch, dass eine Wahrscheinlichkeitsaussage getätigt wird, die nicht zwangsläufig auf alle Messwerte zutreffen muss. Dennoch muss die Aussage sinnvoll sein und falsifizierbar bleiben. Die Wahrscheinlichkeit bei einer probabilistischen Hypothese ist <1.

Zu 4. In Aggregathypothesen werden Aussagen von Gruppen gemacht u. nicht über jeden Einzelfall. Individuelle Daten werden zu einem Gesamtwert aggregiert. Ein Beispiel hierfür wäre, dass die Eigenschaften von Hasen, Hunden, Delfinen zu Eigenschaften der Säugetiere zusammengefasst werden u. aus diesem Gesamtwert eine Hypothese erstellt wird.

Zu 6. Bei Entwicklungshypothesen ist die UV=Zeit. Letztendlich ist die Zeit eigentlich keine Ursache für den Zusammenhang, sondern andere Faktoren sind ausschlaggebend. Bsp. Je länger eine Person verheiratet ist, desto geringer die Wahrscheinlichkeit der Ehescheidung. Die Zeit ist somit nicht die Ursache für Ehescheidung.

Zu 7. Ist sowohl die unabhängige, als auch abhängige Variable ein Individualmerkmal, so nennt man diese Hypothese Individualhypothese. „ Je höher der Bildungsabschluss einer Person, desto höher ist ihr persönliches Nettoeinkommen."

Zu 8. Hier beziehen sich beide Variablen auf Kollektivmerkmale. Von einer Kollektivhypothese kann nicht auf den Einzelfall geschlossen werden.

Zu 9. Kontexthypothesen sind ein Bindeglied zwischen der gesellschaftlichen und der individuellen Ebene. Somit ist die unabhängige Variable ein Kollektiv- und die abhängige Variable ein Individualmerkmal. „ Je größer der Anteil weißer Schüler in einer Schule, desto höher der Lernerfolg eines Schülers".

1.3 Mathematische Darstellung der Zusammenhänge[5]

Die Zusammenhänge zwischen der Unabhängigen Variabel (UV) und der Abhängigen Variabel (AV) kann mit Gleichungen in Schaubildern dargestellt werden.

1. Monoton steigend y= ax+c

---

[5] Vgl. Diekmann, A. 1995, S.112 ff

6

2. Monoton fallend   y= -ax+c
3. Nicht monoton steigend y= ax+bx²+c
4. Nicht monoton fallend y= ax-bx²+c
5. Exponentiell steigend y= ae^bx+c
6. Exponentiell fallend y= ae^-bx+c

Zu 1. Monoton steigend ist der Zusammenhang, wenn UV und AV gleichmäßig steigt. Der Zusammenhang kann als Gerade dargestellt werden.

Zu 2. Monoton fallend ist der Zusammenhang, wenn UV im gleichen Maße steigt, wie AV fällt. Auch hier kann der negative Zusammenhang als Gerade aufgezeigt werden.

Zu 3./4. Nicht monoton steigend bzw. nicht monoton fallend kann als U-förmige Parabel, bzw. als umgekehrt U-förmige Parabel dargestellt werden. Bei Parabeln ist der Zusammenhang nicht gleichförmig. Ein Beispiel hierfür wäre der Zusammenhang zwischen Steueraufkommen und Steuersatz.

Zu 5./6. Diese Gleichung zeigt exponentielles Wachstum durch eine Kombination aus Beschleunigung und Sättigung. So kann das Bevölkerungswachstum im Verhältnis zu der Zeit betrachtet werden. Irgendwann ist die Sättigung erreicht und somit das Bevölkerungswachstum gestoppt.

2. Theorie & Modell[6]

Der Gebrauch des Wortes Theorie ist inkonsistent. Habermas, Luhmann, Beck, Parsons, u. a. verstehen darunter unterschiedliche Ansätze. Das Spektrum reicht von Zukunftsszenarien über Entwürfe bis zu mathematischen Modellen. Eine Theorie ist eine Menge von Zusammenhangshypothesen. Z.B. wenn die Hypothese mehrere unabhängige Variablen hat. Man spricht hier auch von Netzwerken.

2.1 Definitionen

Im weiteren Sinne versteht man unter einer Theorie eine Menge miteinander verknüpfter Aussagen, die empirisch prüfbare Zusammenhänge zw. den Variablen hat.

Im engeren Sinne muss die Theorie zentrale Hypothesen, Definitionen der Begriffe, abgeleitete Hypothesen, sowie Regeln zur Messung der Variablen aufweisen.

Eine mathematisierte Fassung einer Theorie wird auch als Modell bezeichnet und ist erstrebenswert, da erstens; durch die Mathematisierung eine Präzisierung der Theorie verfolgt wird und zweitens; Deduktions- und Ableitungsregeln gebildet

---

[6] Vgl. Diekmann, A. 1995, S.122 ff

werden und die Theorie dadurch leichter auf Widerspruchsfreiheit und Korrektheit überprüft werden kann.

2.2 Eigenschaften von Modellen

Das theoretische Modell ist mit einer **Landkarte** vergleichbar. Die Landkarte spiegelt nicht die Wirklichkeit wider, sondern hebt die Merkmale und Zusammenhänge hervor. Die Wirklichkeit wird also nicht verdoppelt, sondern soll das Erklärungsziel erfassen[7]. Eine Theorie erlangt den Charakter einer **Gesetzmäßigkeit**, wenn sich die diese Theorie bewährt.
Somit erklärt eine gute Theorie nicht nur dir Phänomene, sondern antizipiert auch zukünftige Ereignisse hypothetisch. Außerdem muss eine Theorie **logisch konsistent** d.h. widerspruchfrei sein.
Darüberhinaus sollte die Theorie **informativ** bzw. potentiell falsifizierbar sein. Letztendlich sollte die Theorie mit möglichst wenigen Annahmen viele Befunde erklären und sich bereits durch strenge Tests bewährt haben[8].

3. Verifikation und Falsifikation

Um eine uneingeschränkte Gültigkeit einer Theorie aufzuzeigen bzw. nachzuweisen müssten unendlich viele Versuche durchgeführt werden. Dennoch versucht man eine **Verifikation** (Gültigkeit) einer Hypothese oder Theorie nachzuweisen. Laut Popper existiert keine Induktionslogik, sondern nur die Deduktionslogik. Aus einer endlichen Menge kann kein allgemeiner Satz abgeleitet werden, der sich auf eine unendliche Menge potentieller Beobachtungen bezieht[9]. Ein Beispiel für die **Deduktionslogik** wäre; wenn ich ein paar weiße Schwäne sehe und daraus schließe, dass alle Schwäne weiß sind.
Die Hypothesen sind nur **falsifizierbar**, nicht verifizierbar. Das würde nach Popper bedeuten, dass ein einziges widersprüchliches Ereignis, in diesem Beispiel ein plötzlich auftretender schwarzer Schwan, die Theorie widerlegt bzw. falsifiziert. Der Forscher hat laut Popper die Aufgabe Hypothesen mit **hohem Infogehalt** zu konstruieren, harten Bewährungsproben unterziehen u. Hypothesen die bestanden haben, vorläufig beibehalten bis sie gegebenenfalls falsifiziert werden. Das **Basissatzproblem** bezieht sich auf die Basissätze, die Raum-Zeit fixierte Beobachtungen beschreiben. Diese allgemeinen Beobachtungstheorien werden vorausgesetzt. Doch wie können Hypothesen anhand empirischer Beobachtungen überprüft werden, wenn auch deren Bedeutung hypothetisch ist? Letztendlich geht

---

[7] Vgl. Diekmann, A. 1995, S.126f
[8] Vgl. Bortz, J., Döring, N. 2006 S.15f
[9] Vgl. Bortz, J., Döring, N. 2006 S.18

es bei dem Basissatzproblem um die Frage, inwiefern Beobachtungsprotokolle und Beschreibungen tatsächlich mit der Realität übereinstimmen. Daraus entsteht ein Risiko falsche Basissätze zu akzeptieren und wahre zu verwerfen. Bei dem **Korrespondenzproblem** wird die Frage aufgeworfen, ob die Indikatoren erfassen, was mit den theoriekonstituierenden Begriffen gemeint ist. Im Gegensatz zum Basissatzproblem steht weniger die Beobachtung selbst, als die falsche Prüfung der Theorie im Mittelpunkt.

Die leistungsfähige Theorie sollte erstmals trotzt Falsifikation beibehaltet werden, da bei der Prüfung sowohl eine irrtümliche Bewährung, als auch irrtümliche Falsifikation auftreten kann. Durch **Ad-Hoc-Hypothesen** können Anomalien wegerklärt werden. Hierbei findet eine Modifikation der Hypothesen statt. Darüberhinaus kann eine **Exhaustion**, d.h. eine Theoriemodifikation stattfinden, bei der der Wenn-Teil durch „Und Komponenten" erweitert wird und dadurch der Geltungsbereich eingeschränkt wird. Allerdings muss darauf geachtet werden, dass durch wiederholte Falsifikation und Exhaustion der Erklärungswert der Theorie nicht so weit eingeschränkt wird, dass die Wissenschaft nicht das Interesse an der Theorie aufgrund der fehlenden Allgemeingültigkeit verliert.

Literaturverzeichnis

Bortz, J., Döring, N.: Forschungsmethoden und Evaluation. Springer Verlag GmbH: Berlin, 2006

Diekmann, A.: Empirische Sozialforschung-Grundlagen, Methoden, Anwendungen-. Rowohlt Taschenbuch Verlag GmbH: Hamburg, 1995